纺织服装高等教育"十三五"部委级规划教材

ILLUSTRATOR
服装款式模块设计

新形态教材

1200例

陆敏 著

东华大学 大学出版社

·上海·

图书在版编目(CIP)数据

Illustrator服装款式模块设计1200例/ 陆敏著.
—上海：东华大学出版社，2021.1
ISBN 978-7-5669-1799-7

I.① I… Ⅱ.①陆… Ⅲ.① 服装设计－计算机辅助
设计－图形软件 Ⅳ.①TS941.26

中国版本图书馆CIP数据核字(2020)第197157号

责任编辑：徐建红
封面设计：贝　塔

ILLUSTRATOR
服装款式模块设计1200例

陆敏 著

出　　　　版：东华大学出版社(上海市延安西路1882号，200051)
出版社官网：http://dhupress.dhu.edu.cn
天猫旗舰店：http://dhdx.tmall.com
营 销 中 心：021-62193056　62373056　62379558
印　　　　刷：上海盛通时代印刷有限公司
开　　　　本：889mm×1194mm　1/16
印　　　　张：8.5
字　　　　数：290千字
版　　　　次：2021年1月第1版
印　　　　次：2021年1月第1次印刷
书　　　　号：ISBN 978-7-5669-1799-7
定　　　　价：58.00元

目 录

第一章

款式图绘制技法

一、Illustrator 常用工具介绍

1. Illustrator 常用工具介绍

扫描以下二维码，观看动态教学视频。

2. Illustrator 编辑工具介绍

扫描以下二维码，观看动态教学视频。

二、款式图常用工具表现技法

扫描以下二维码，观看动态教学视频。

第二章

款式图表现技法

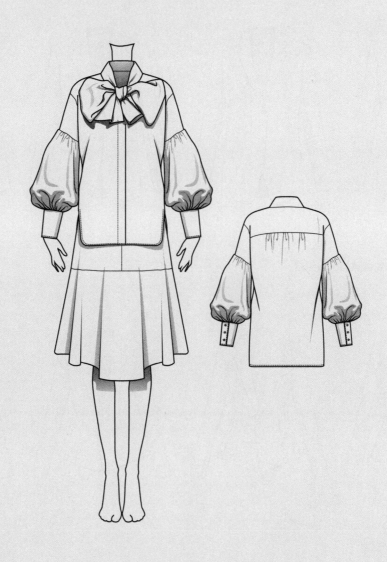

一、基本款绘制技法

扫描以下二维码，观看动态教学视频。

判断领面宽度与肩宽的比例关系。

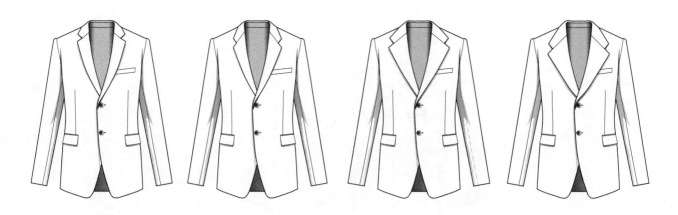

判断肩宽与肩端点的比例关系。

判断收腰的程度。

判断衣长。

判断袖长与手臂的比例关系。

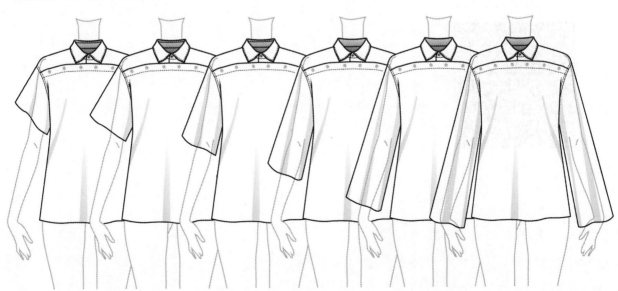

二、部位的表现技法

1. 领子、门襟的表现技法

   扫描以下二维码，观看动态教学视频。

2. 裙子、罗纹、羽绒服的表现技法

   扫描以下二维码，观看动态教学视频。

3、拉链、纽扣的表现技法

   扫描以下二维码，观看动态教学视频。

判断不同的领面宽度。

不同类别服装的表现。

判断不同的门襟。

4、填色、覆盖的技法

扫描以下二维码，观看动态教学视频。

5、填充图案的技法

扫描以下二维码，观看动态教学视频。

填充图案和不同面料的表现。

6. 针织服装的表现技法

扫描以下二维码，观看动态教学视频。

针织的表现。

三、款式图廓形的表现技法

1. 整体廓形的表现技法

扫描以下二维码，观看动态教学视频。

2. 局部造型的表现技法

扫描以下二维码，观看动态教学视频。

判断不同的廓形。

四、款式图的明暗表现技法

1. 款式工艺的明暗表现技法

扫描以下二维码，观看动态教学视频。

领子的明暗表现。

2. 服装基本款的明暗表现技法

扫描以下二维码，观看动态教学视频。

3. 服装空间感的明暗表现技法

扫描以下二维码，观看动态教学视频。

购书者请扫码入群，凭书免费获取
服装人模和服装款式模块矢量图，以及 1200 例中的部分款式图

第三章
款式设计的模块运用

一、款式图模块的表现

1. 领子模块的表现

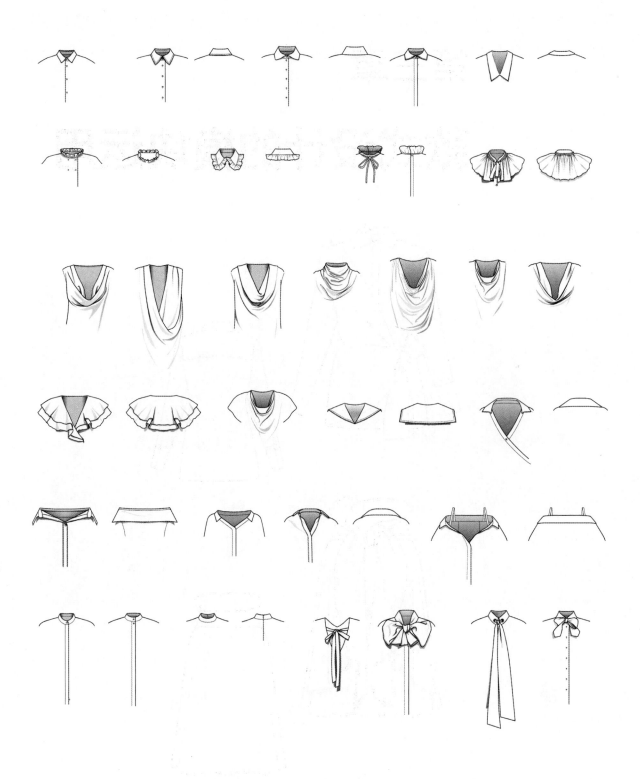

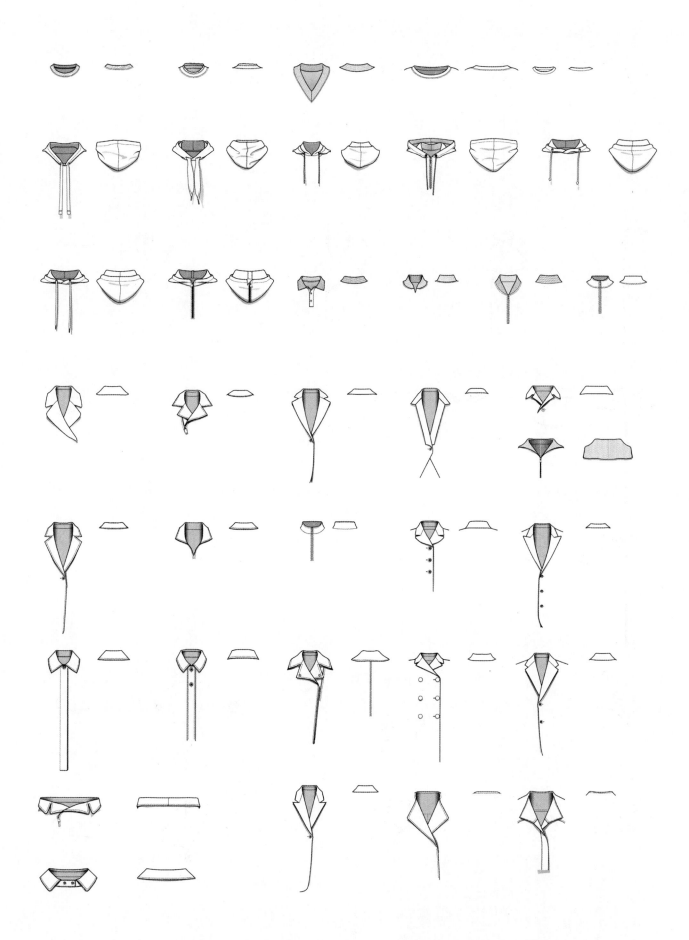

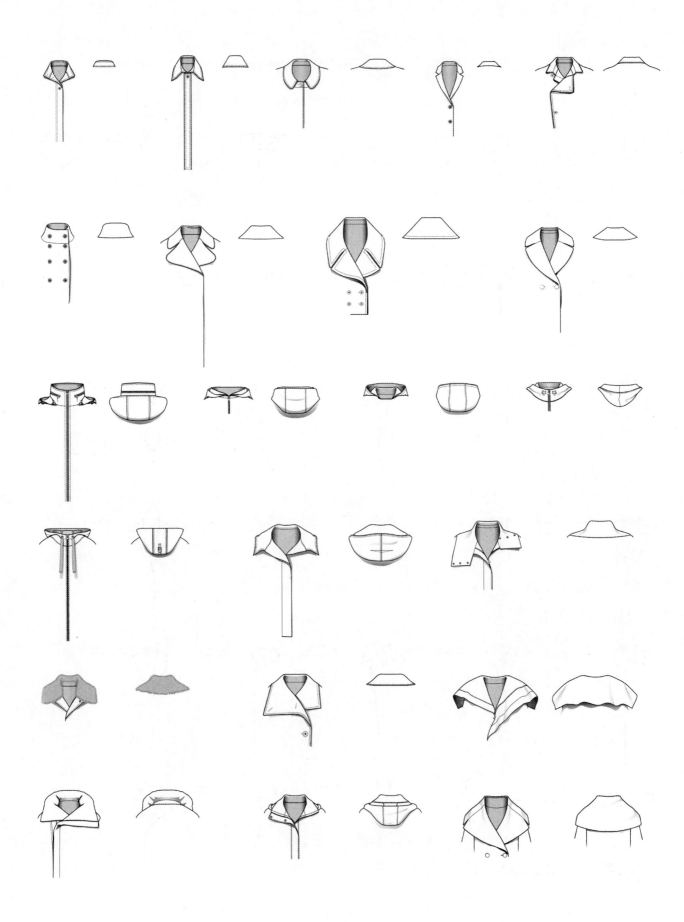

2. 门襟模块的表现

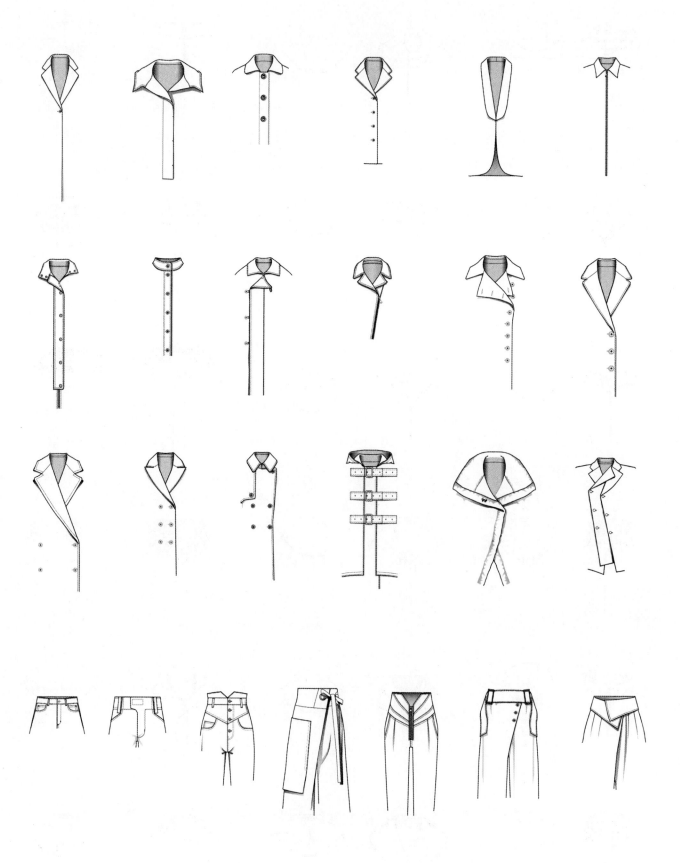

3. 袖子模块的表现

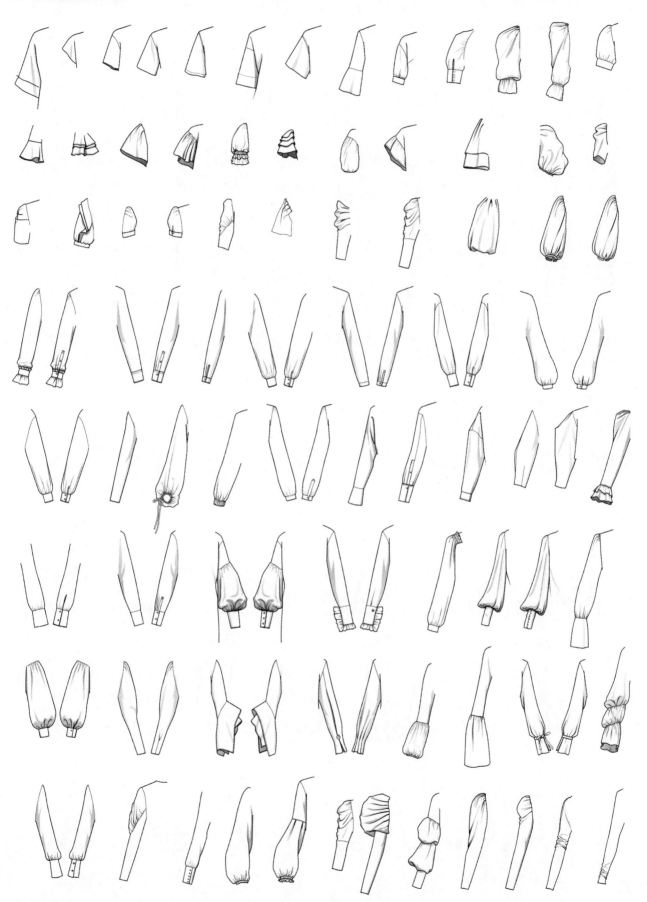

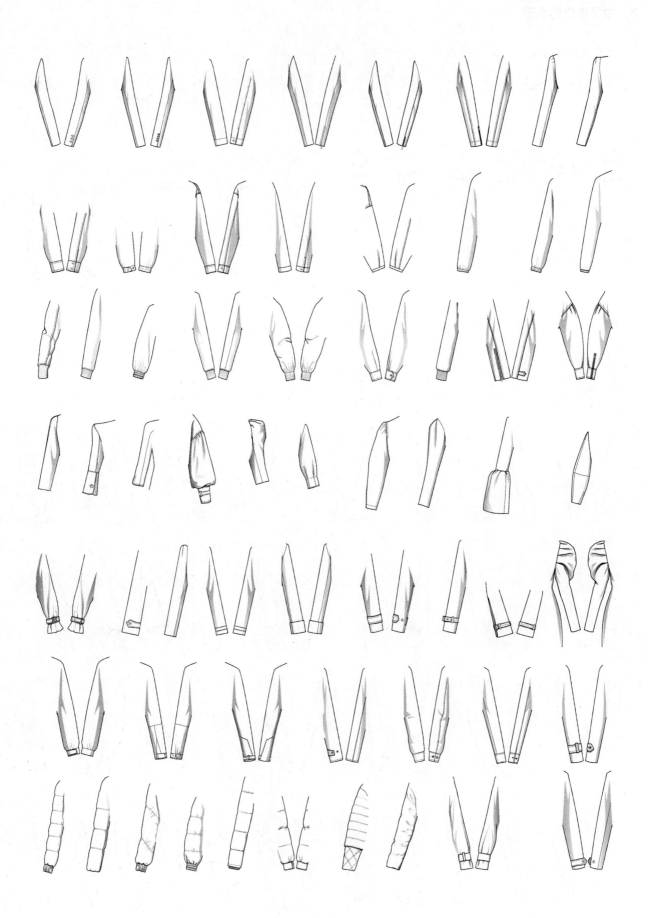

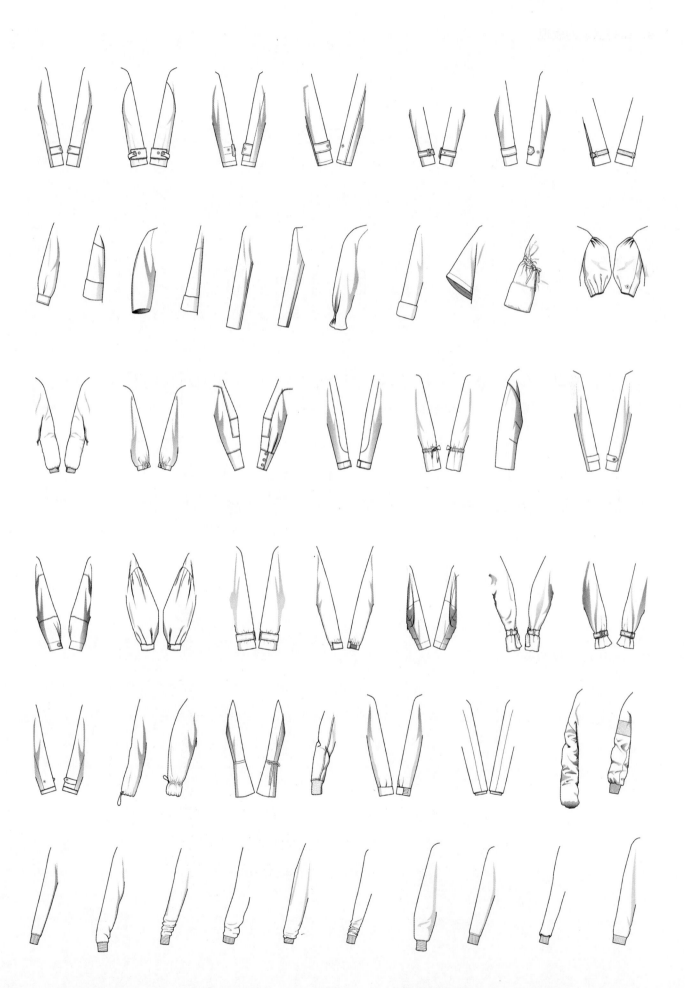

4．口袋模块的表现

5. 工艺模块的表现

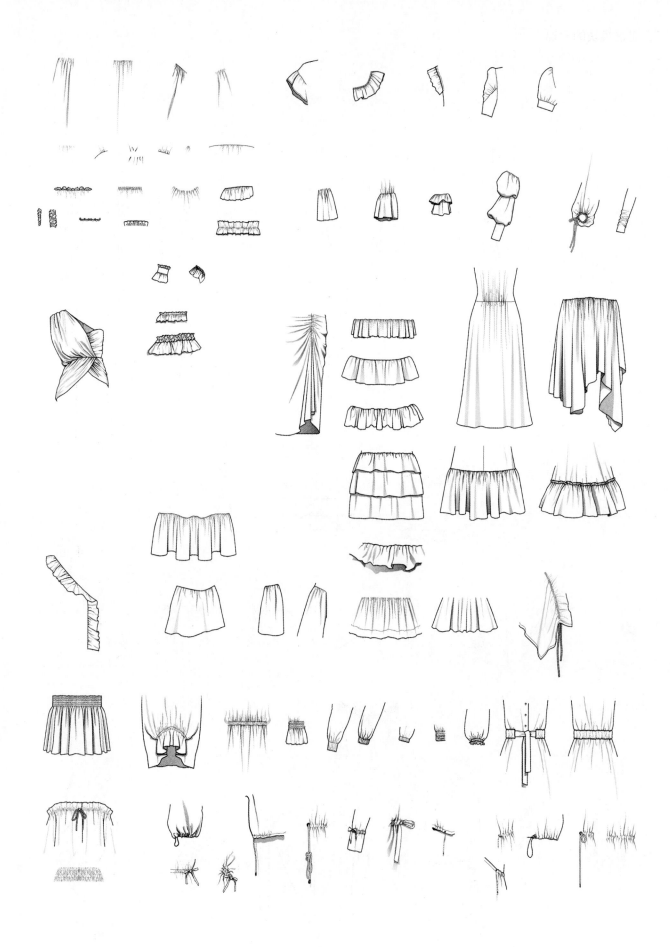

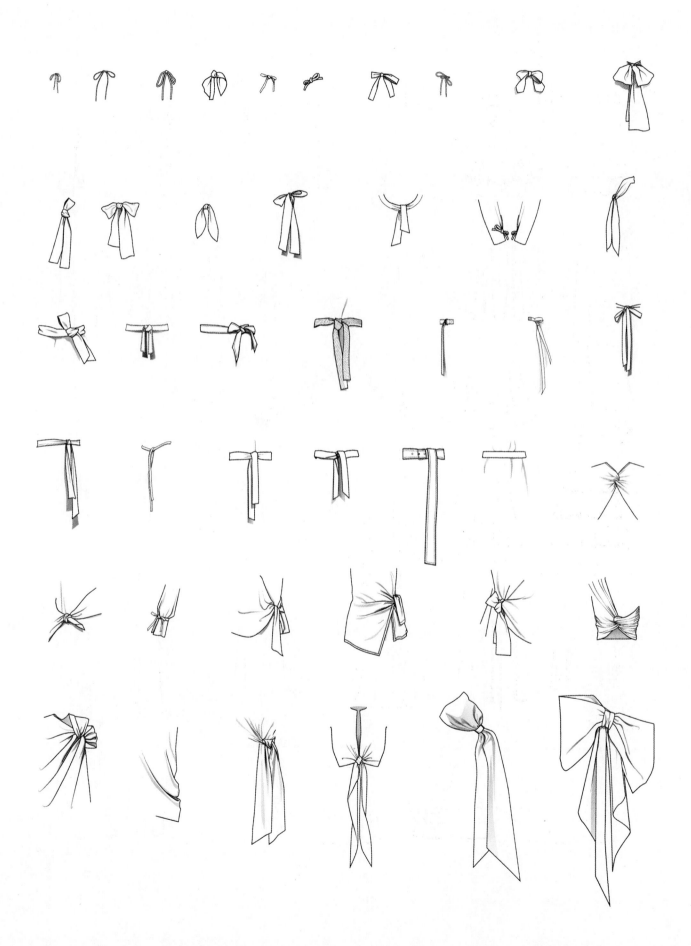

6. 辅料模块的表现

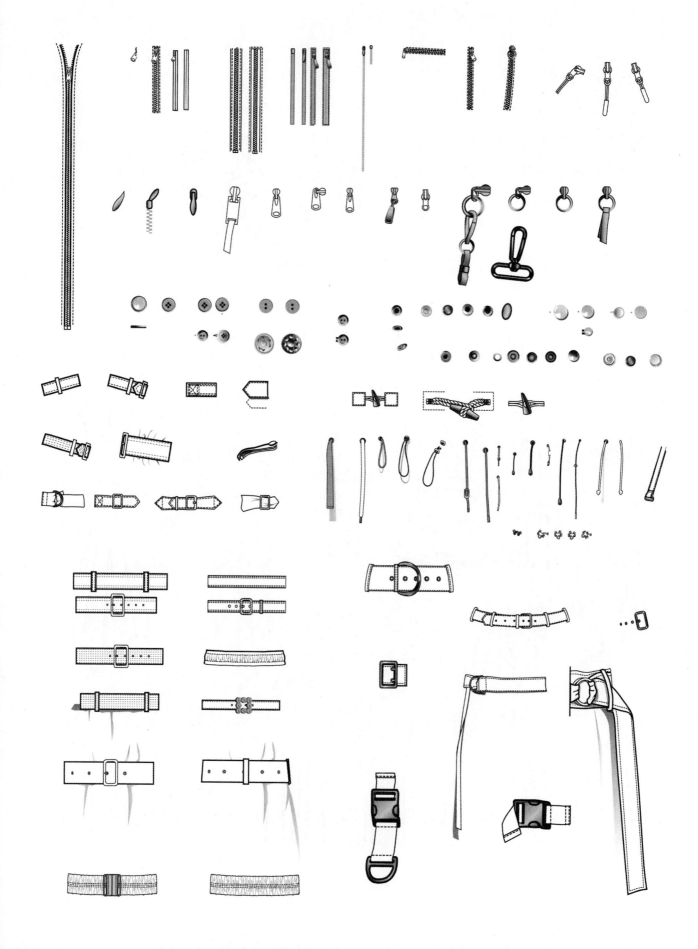

二、模块组合设计

扫描以下二维码，观看动态教学视频。

切换领子组里的图层，寻找理想合适的领子，快速完成更换领子的设计。

切换袖子组里的图层，寻找理想合适的袖子，快速完成更换袖子的设计。

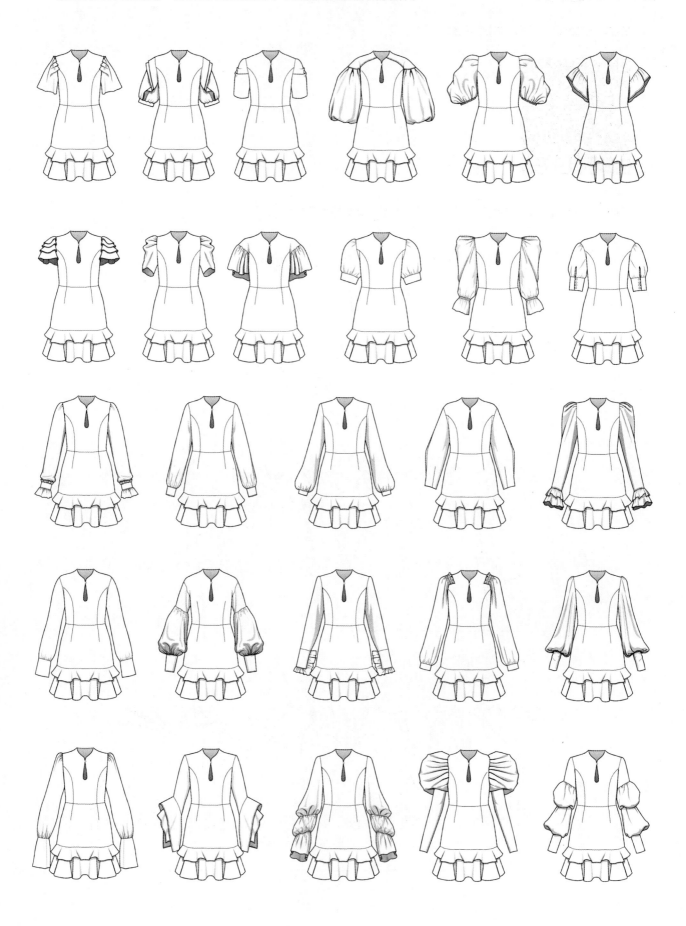

切换裙摆组里的图层，寻找理想合适的裙摆，快速完成更换裙摆的设计。

三、新元素模块设计

扫描以下二维码，观看动态教学视频。

第四章

款式图 1200 例

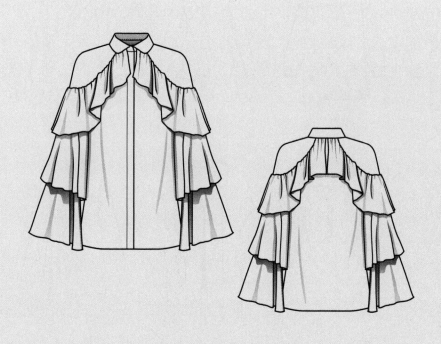

一、上装

1. 衬衣

扫描二维码，观看大图。

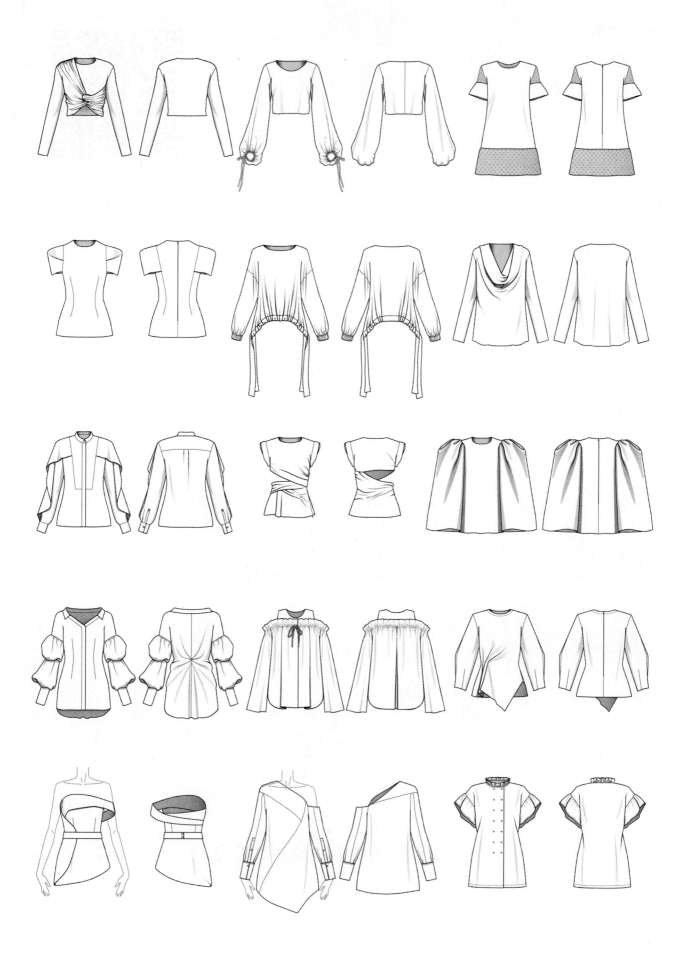

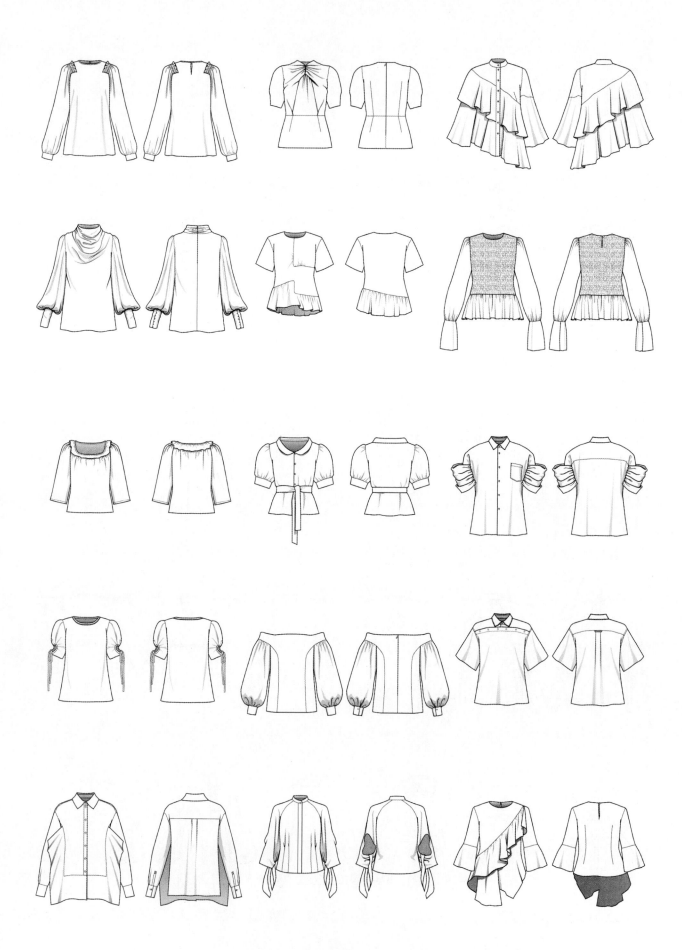

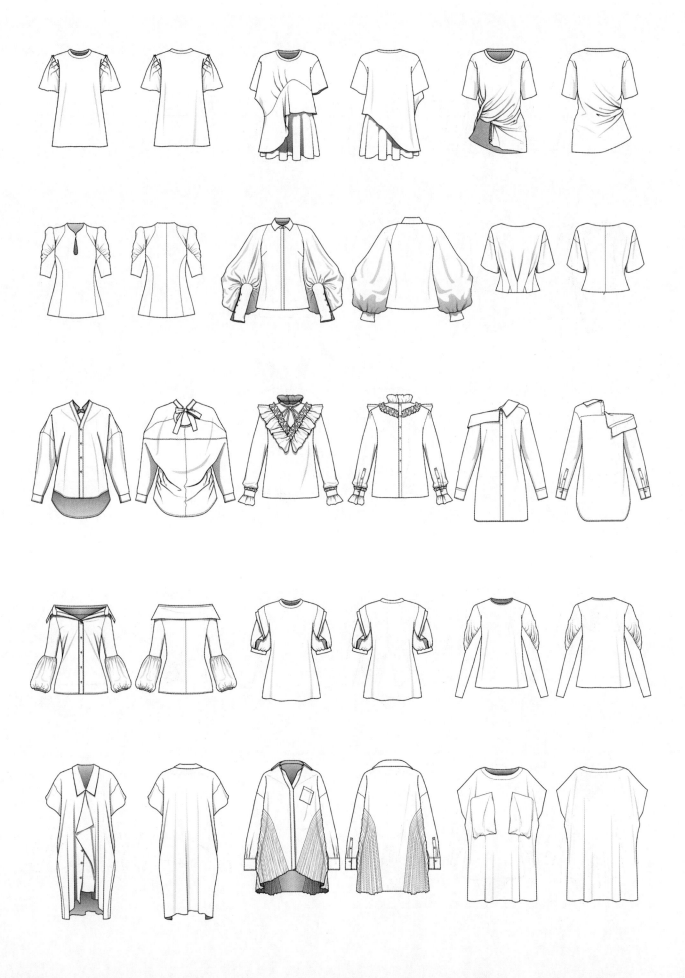

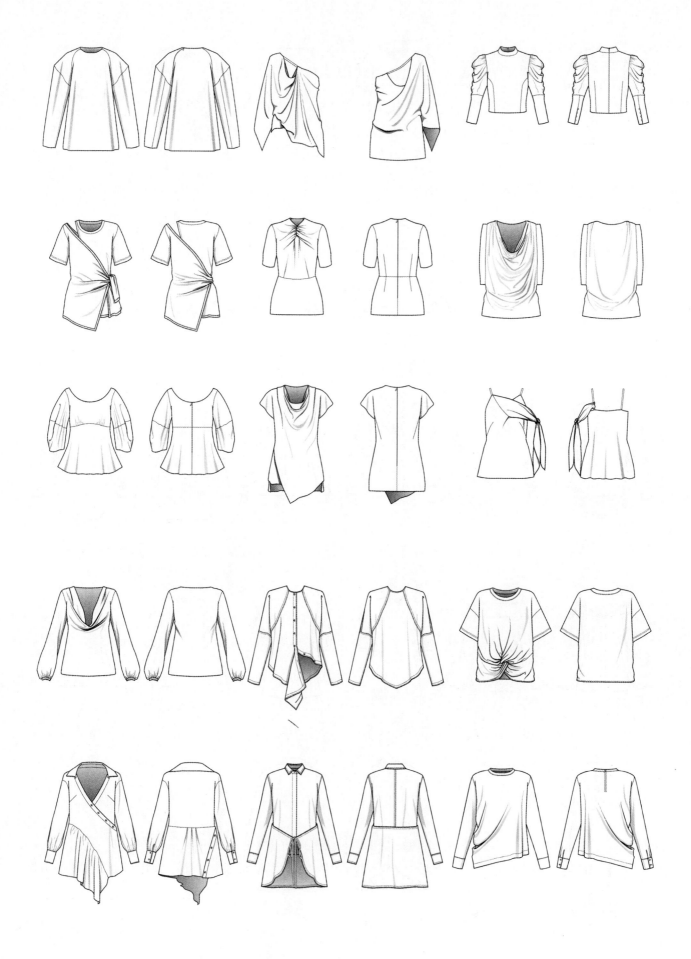

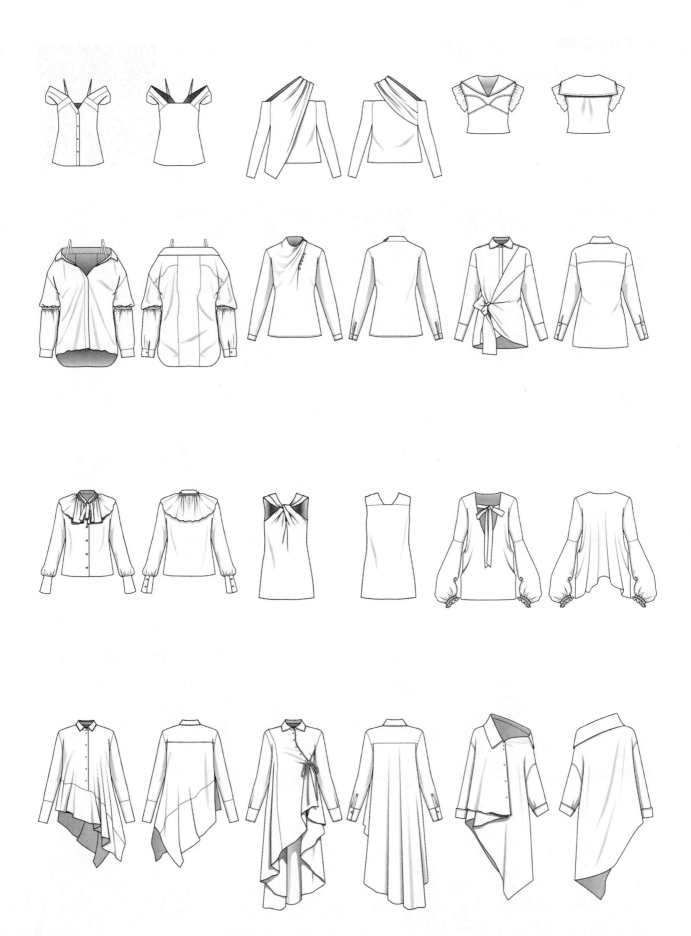

2. 卫衣、运动装

扫描二维码，观看大图。

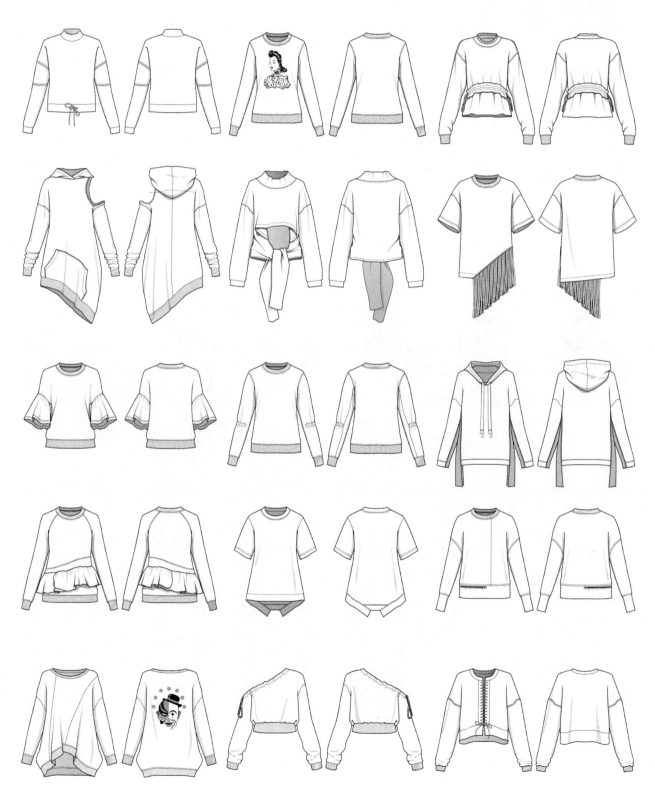

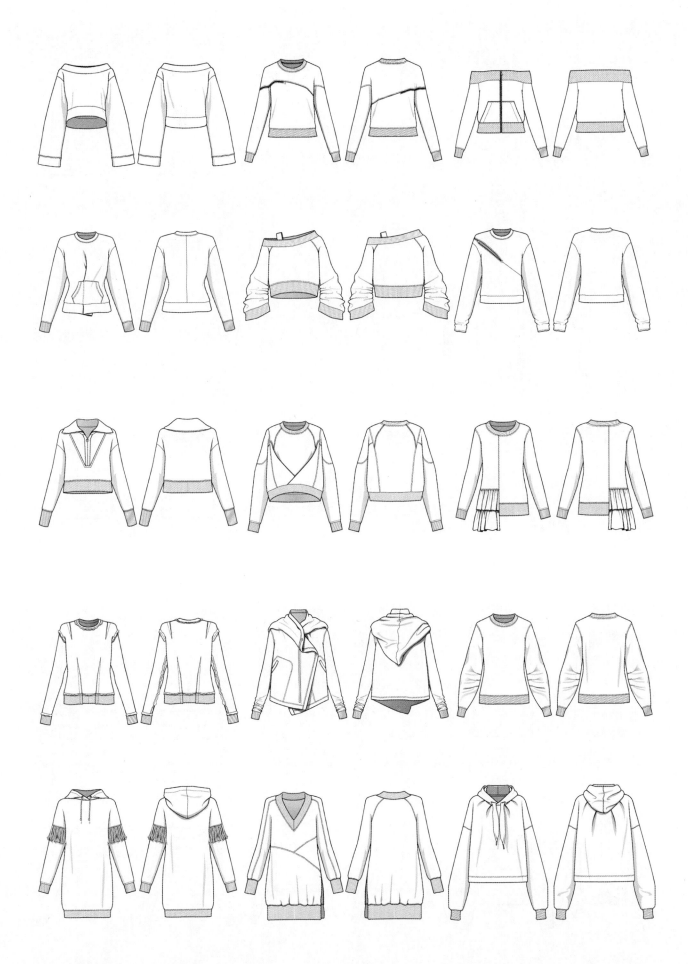

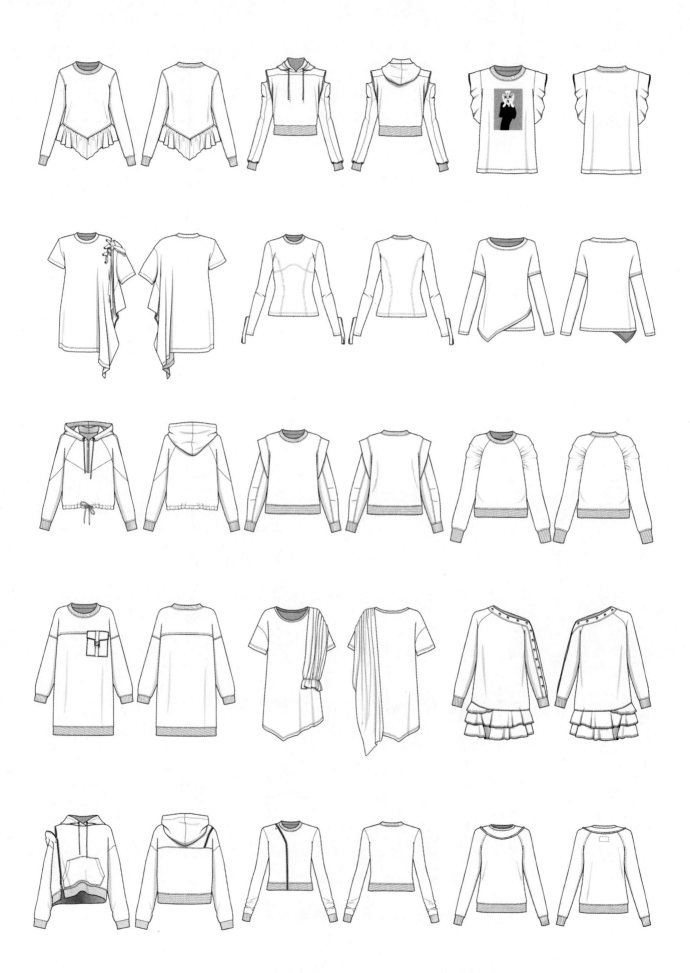

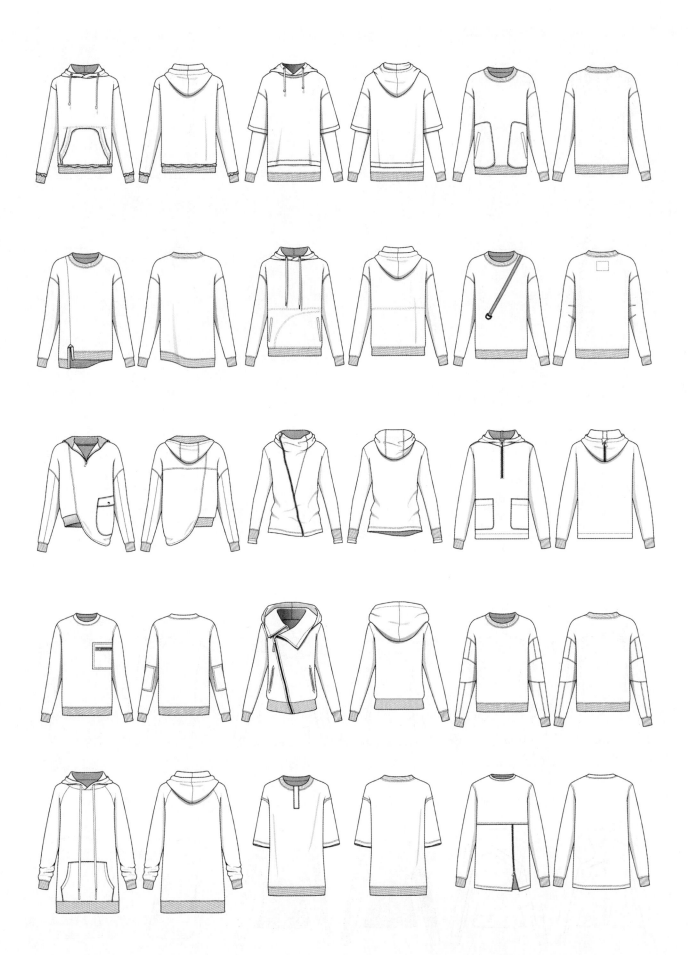

3. 外套

扫描二维码，观看大图。

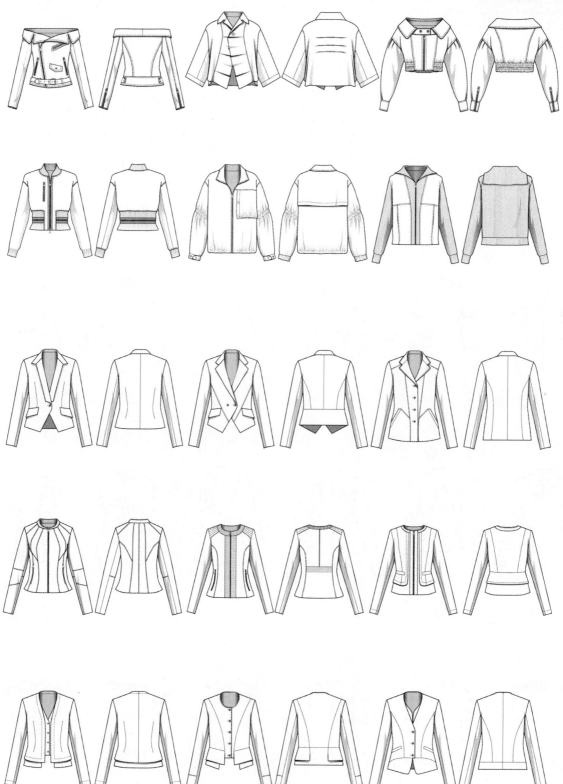

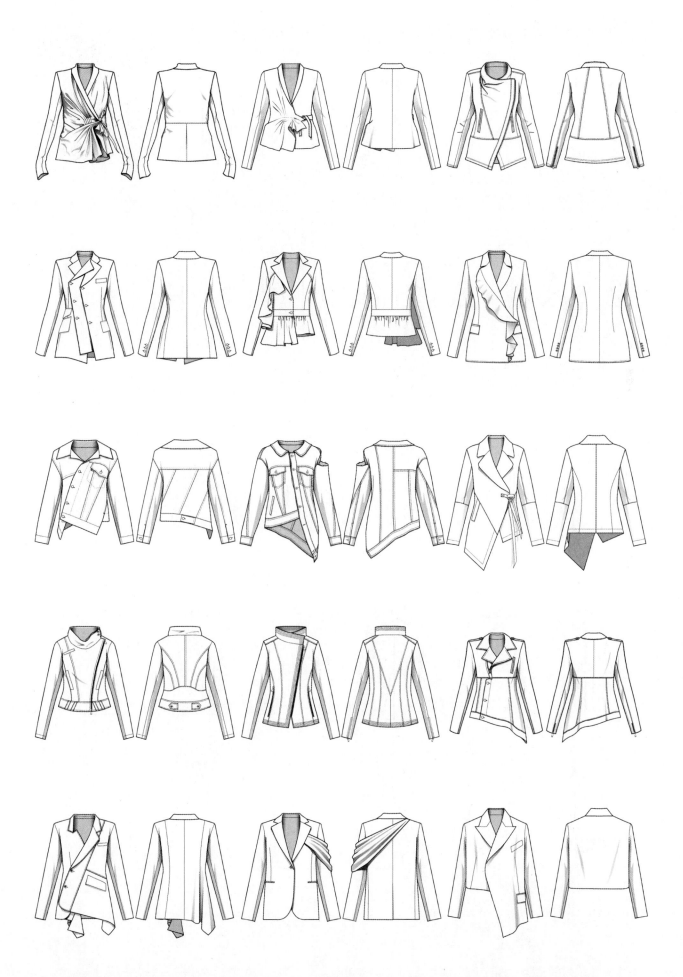

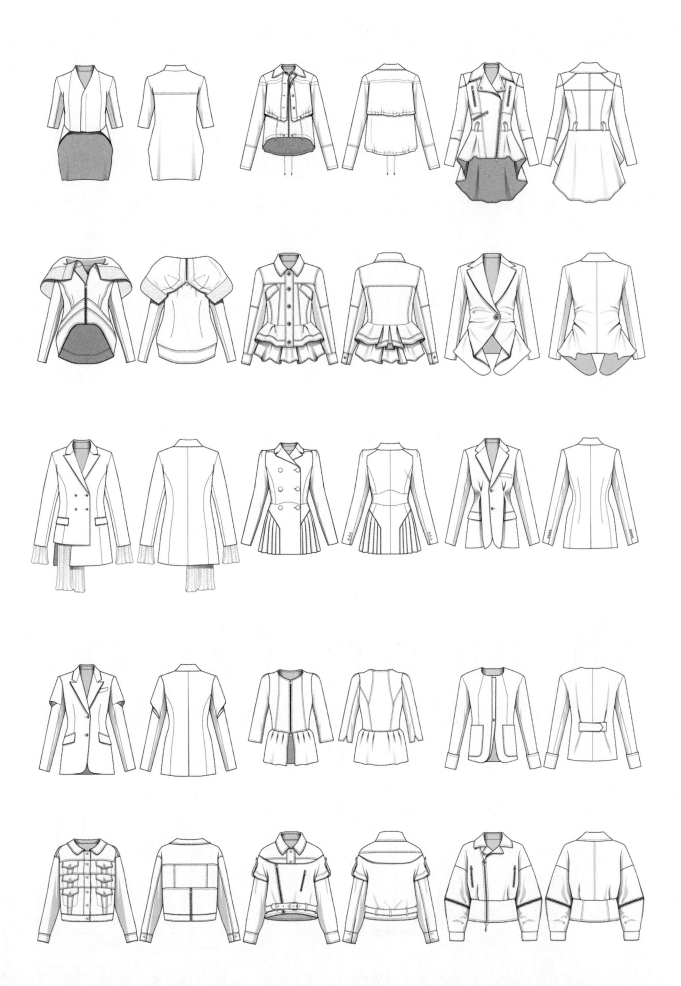

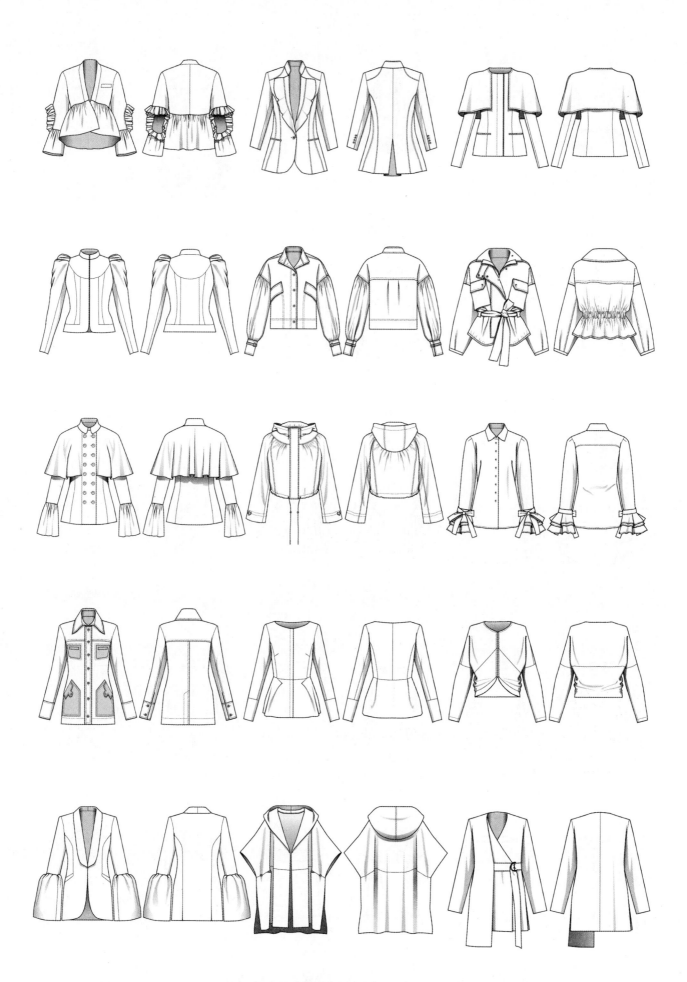

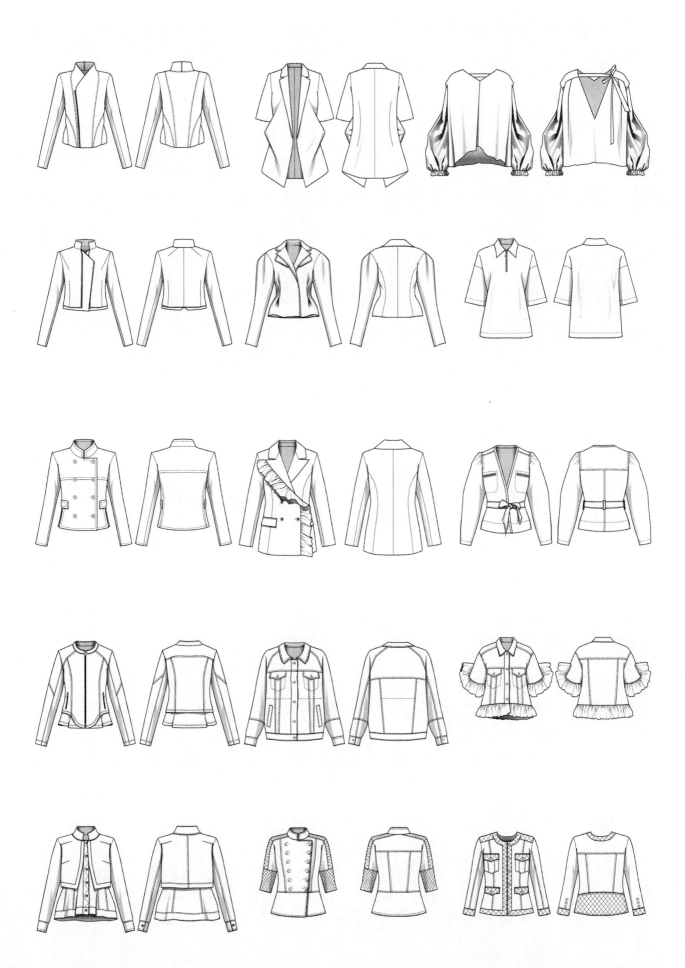

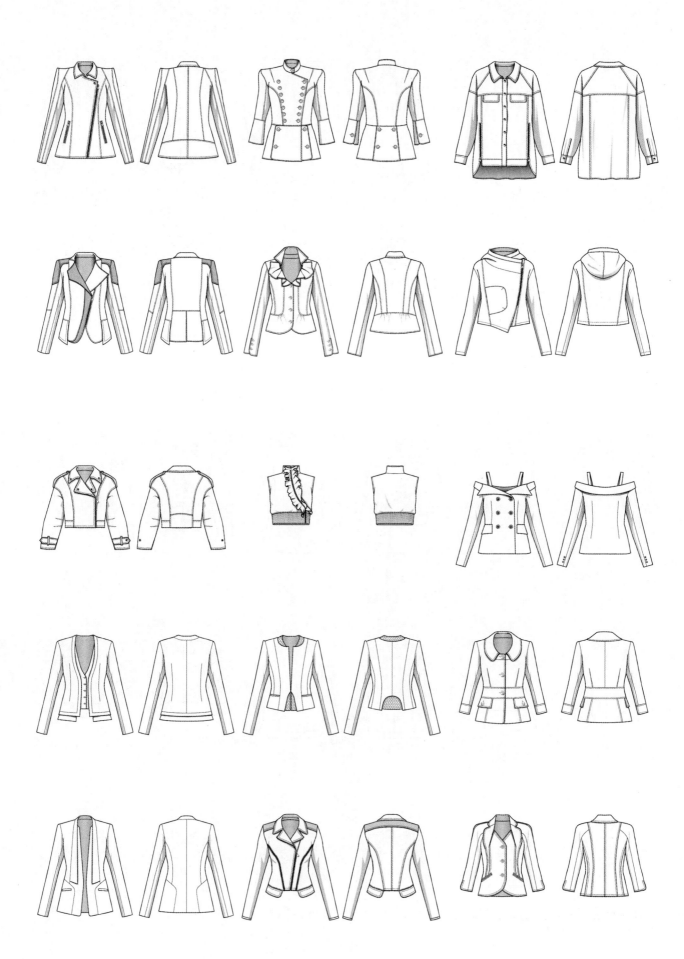

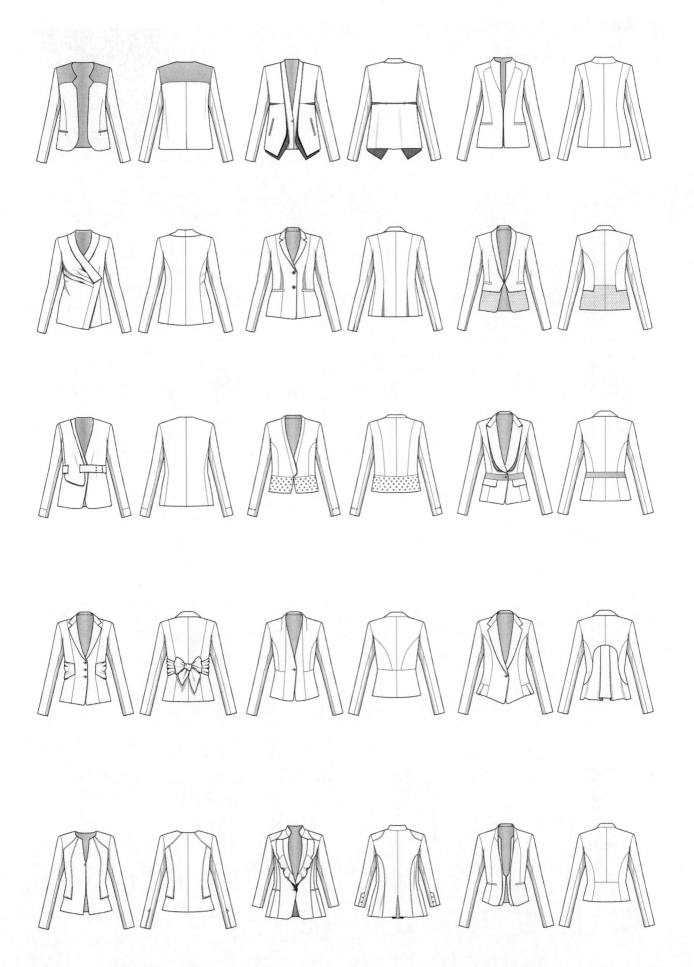

4. 风衣

扫描二维码，观看大图。

5. 大衣

扫描二维码，观看大图。

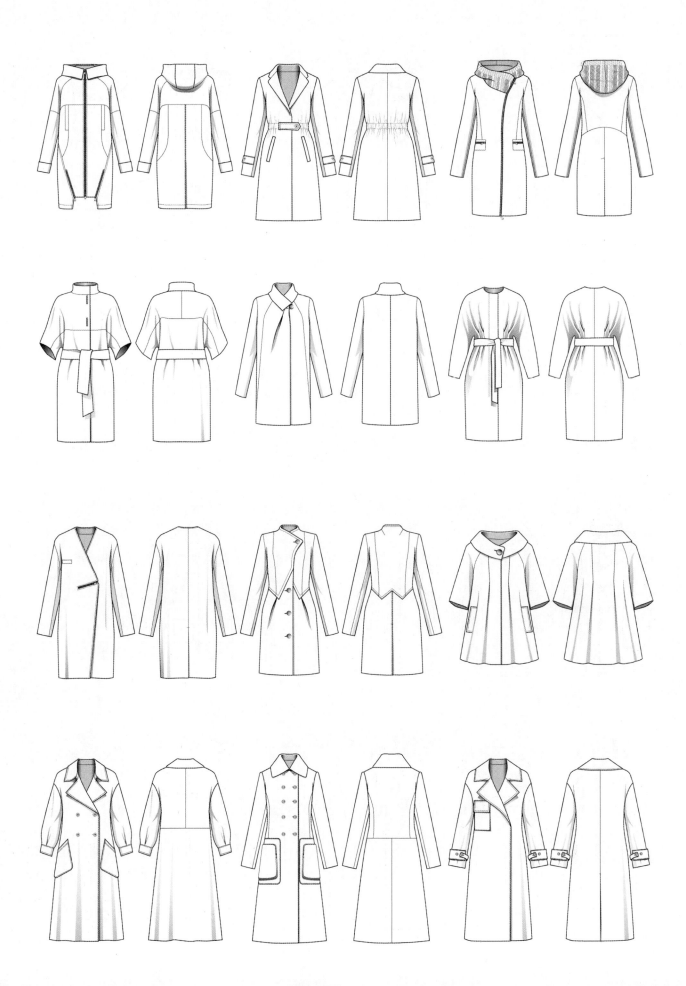

6. 斗篷

扫描二维码，观看大图。

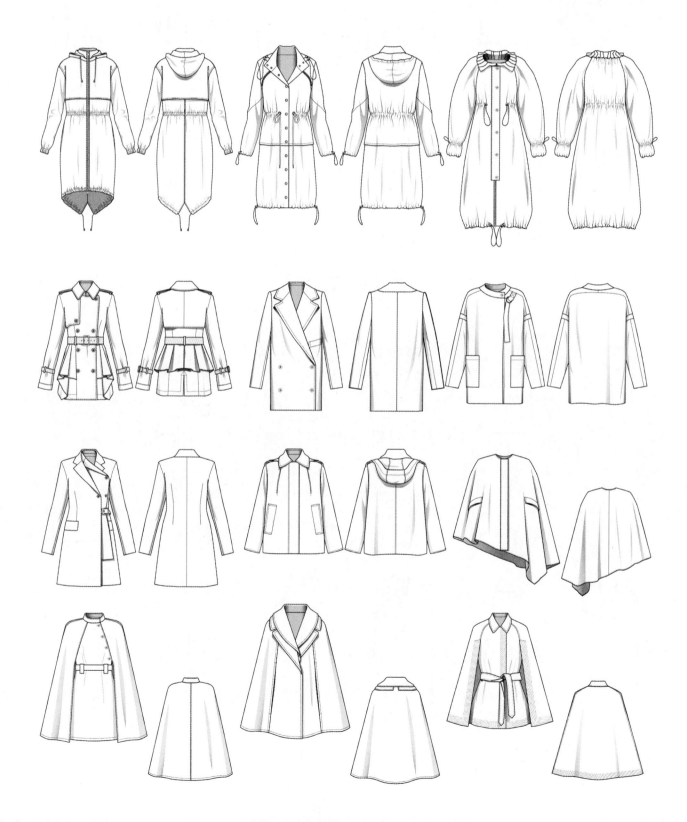

7. 棉服

扫描二维码，观看大图。

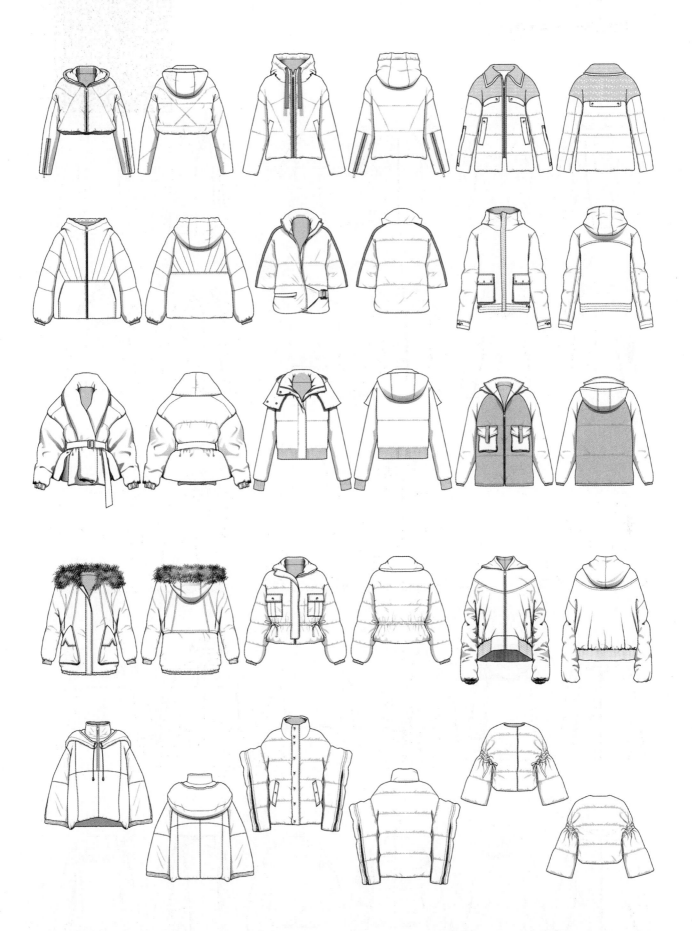

8. 羽绒服

扫描二维码，观看大图。

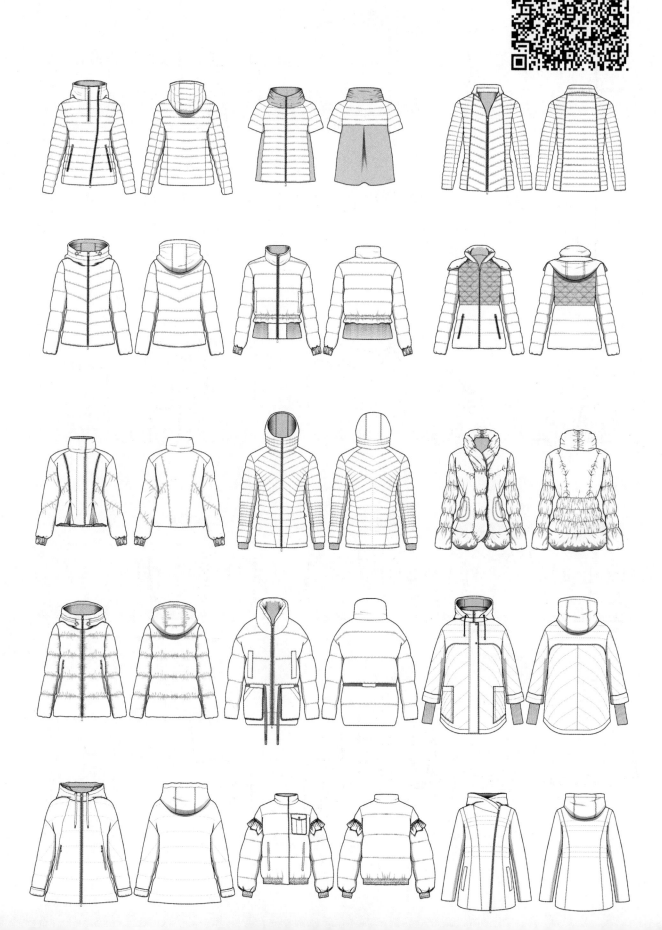

9. 针织服装

扫描二维码，观看大图。

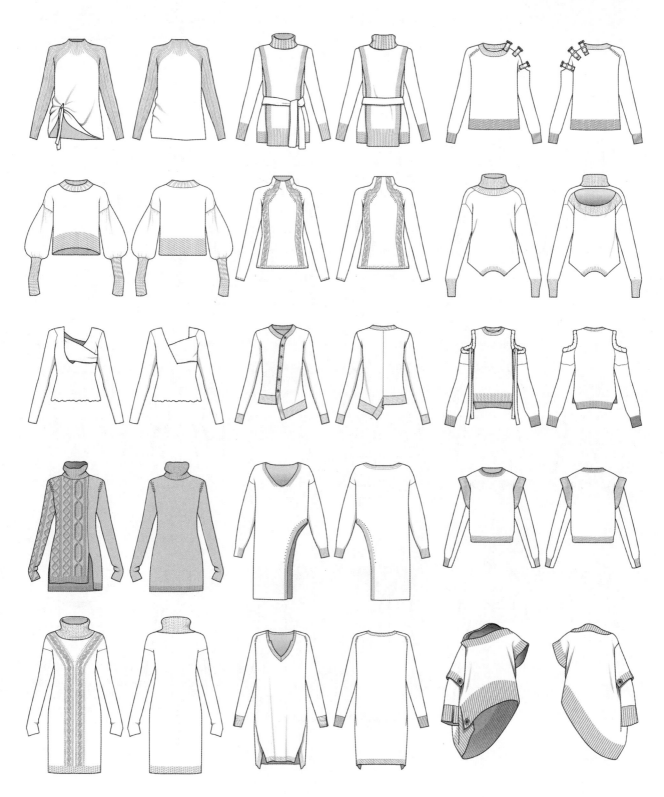

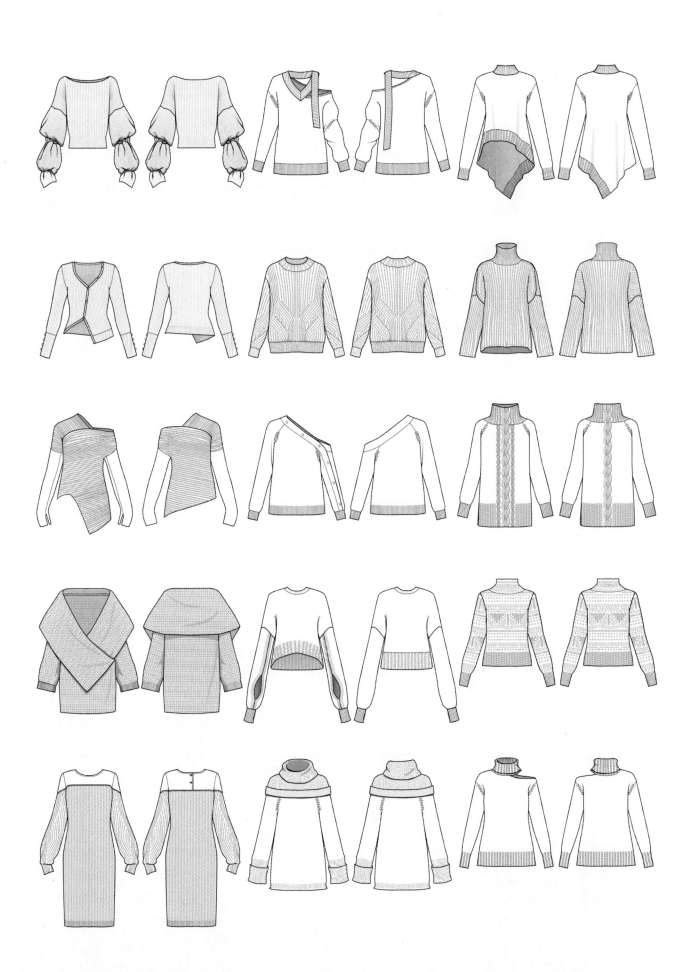

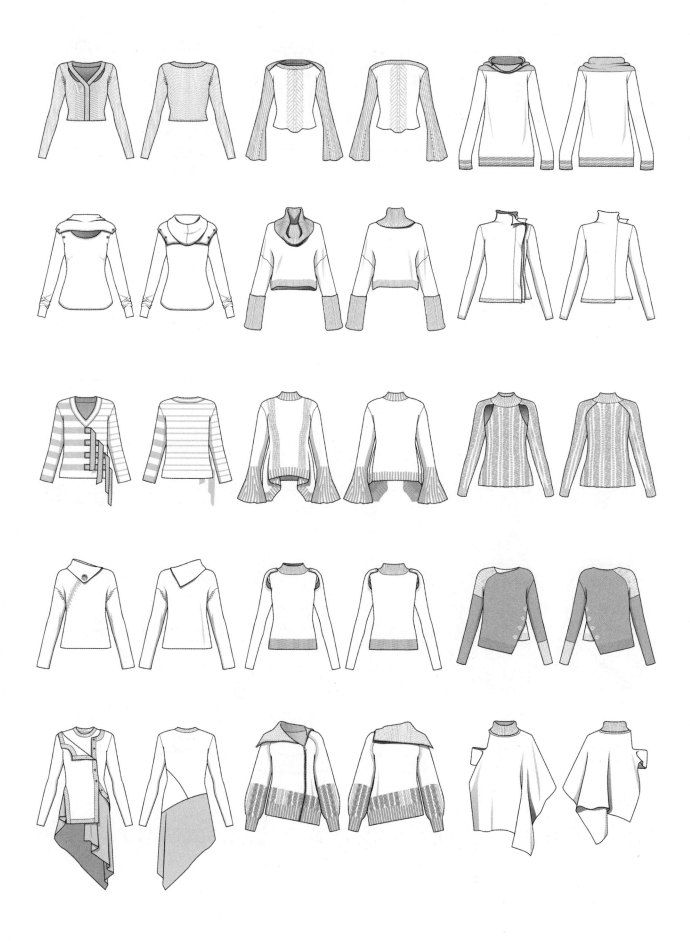

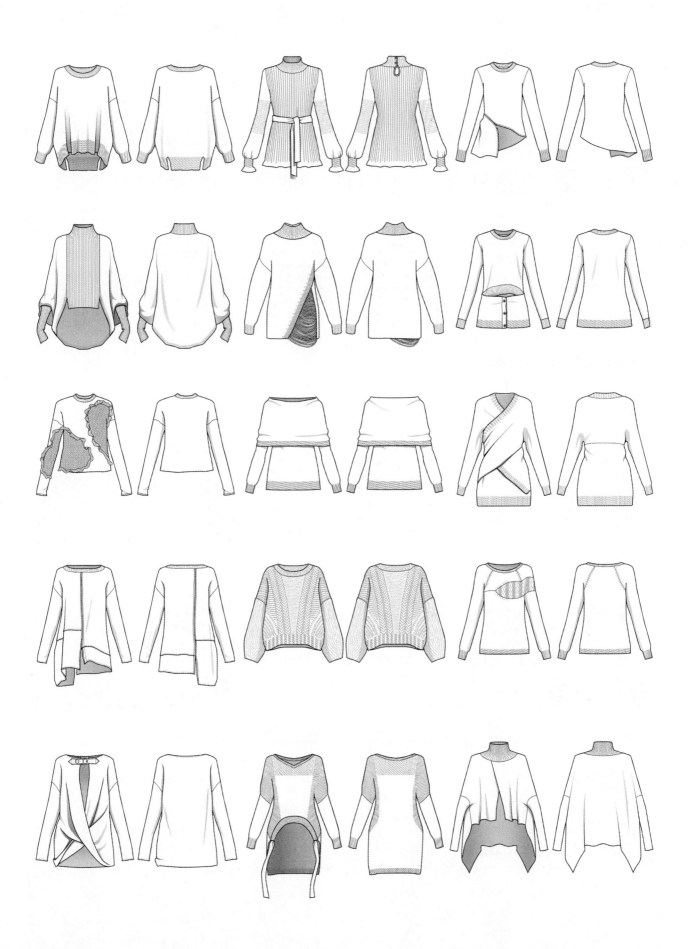

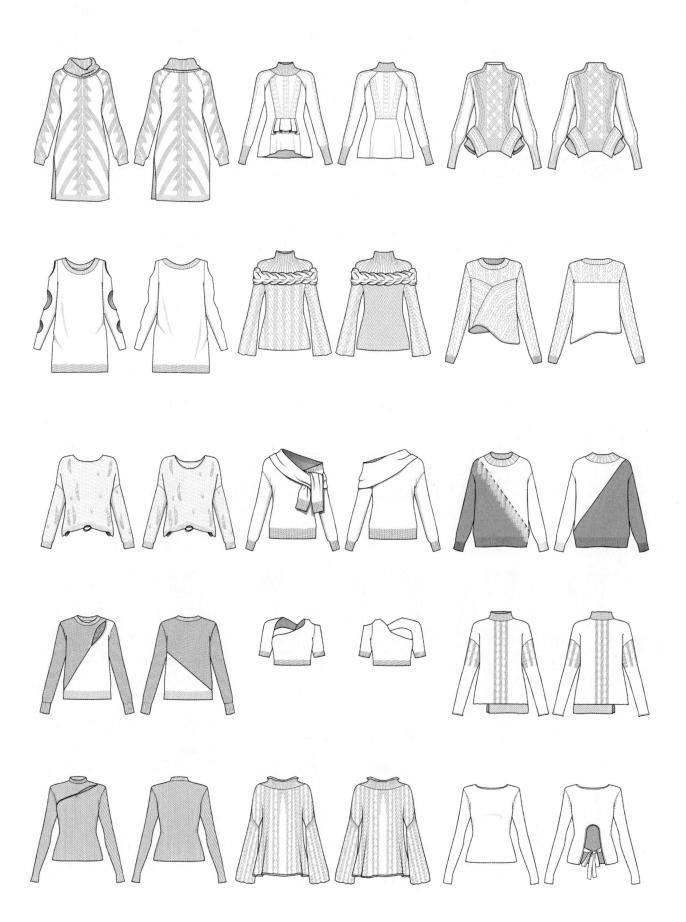

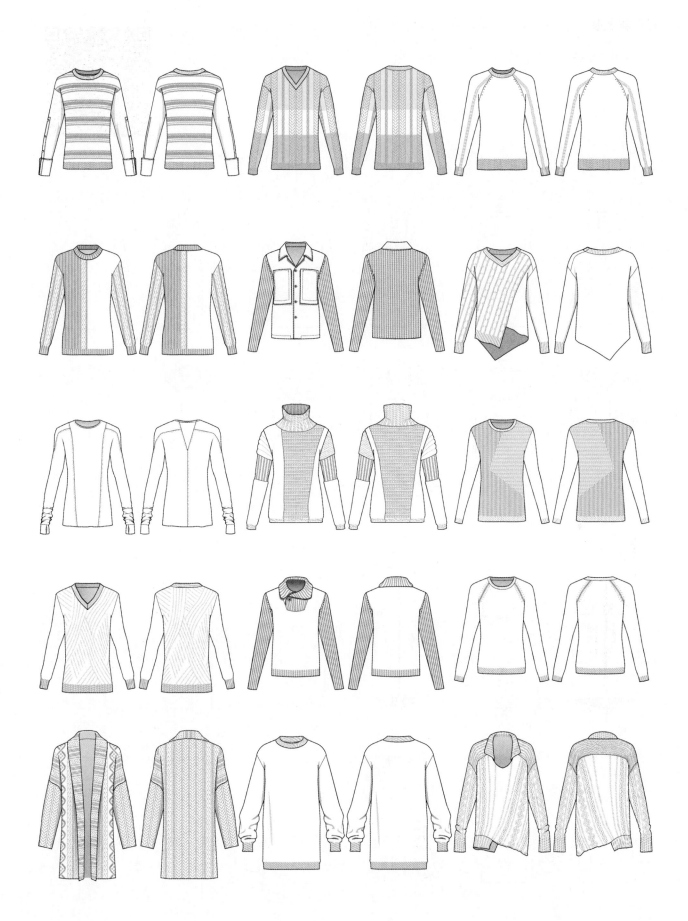

10．男上装

扫描二维码，观看大图。

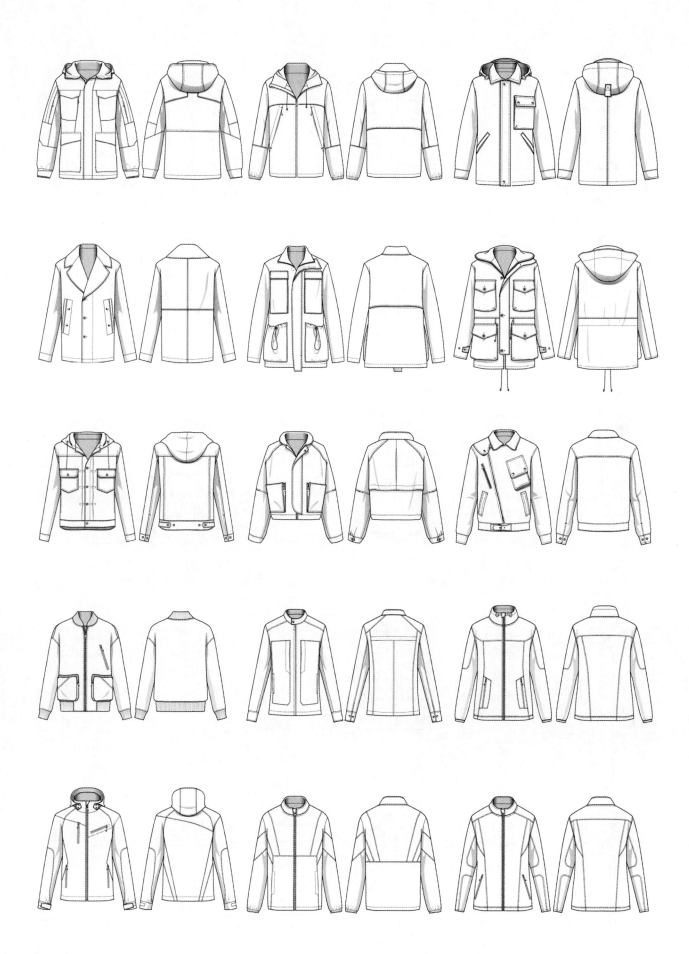

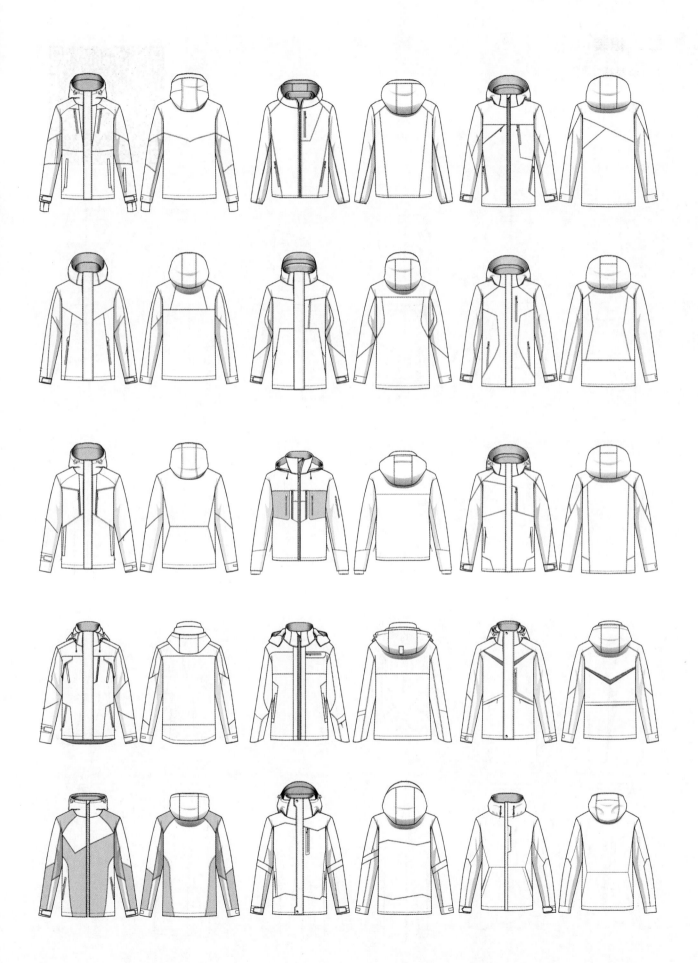

二、裙装

1. 半身裙

扫描二维码，观看大图

2. 日常连衣裙

扫描二维码，观看大图。

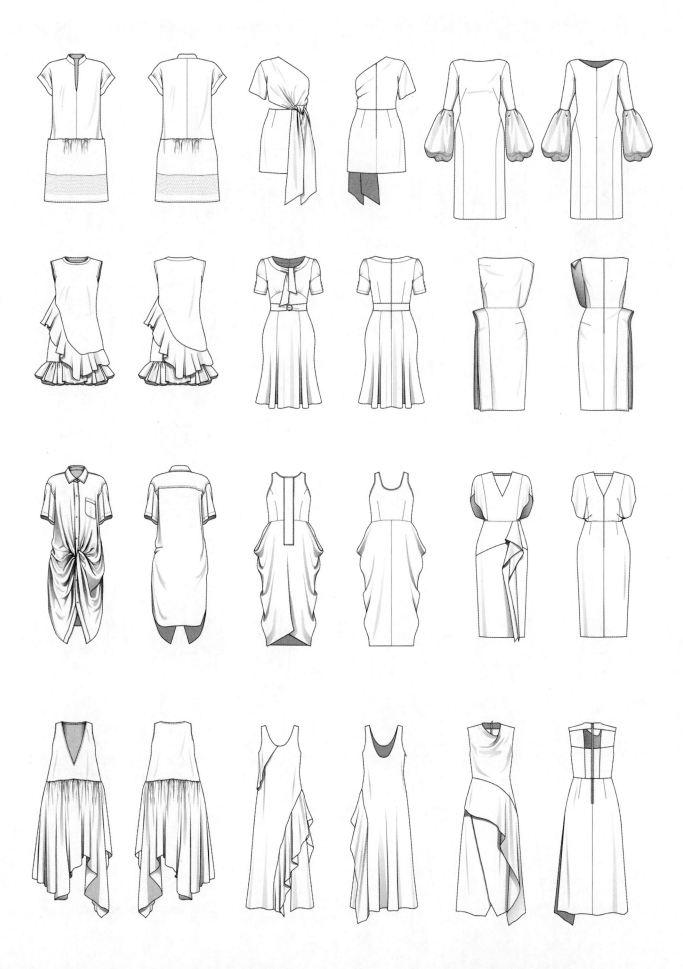

3. 礼服裙

扫描二维码，观看大图。

三、裤子

扫描二维码，观看大图。

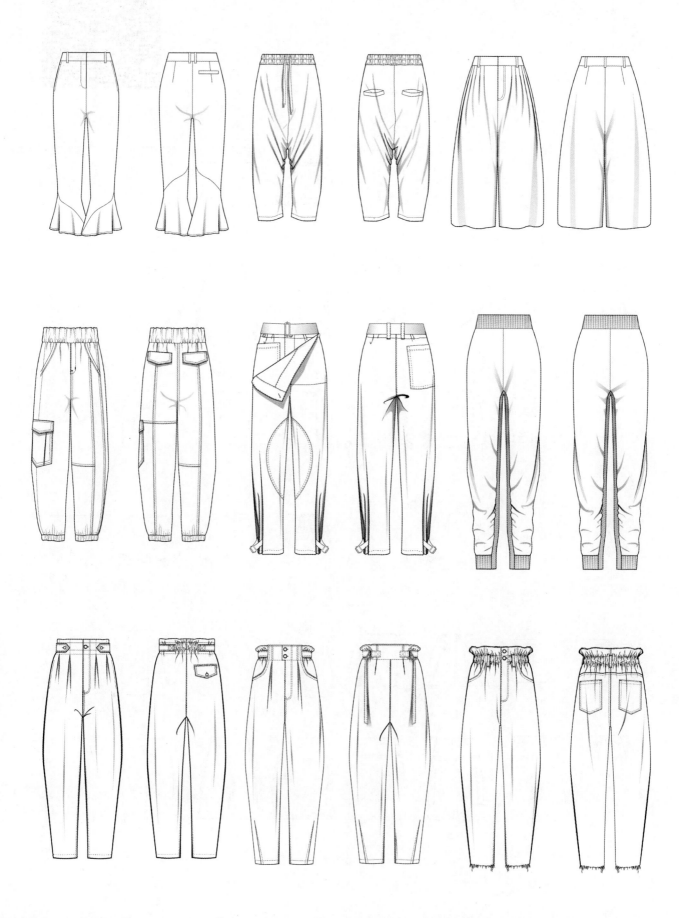

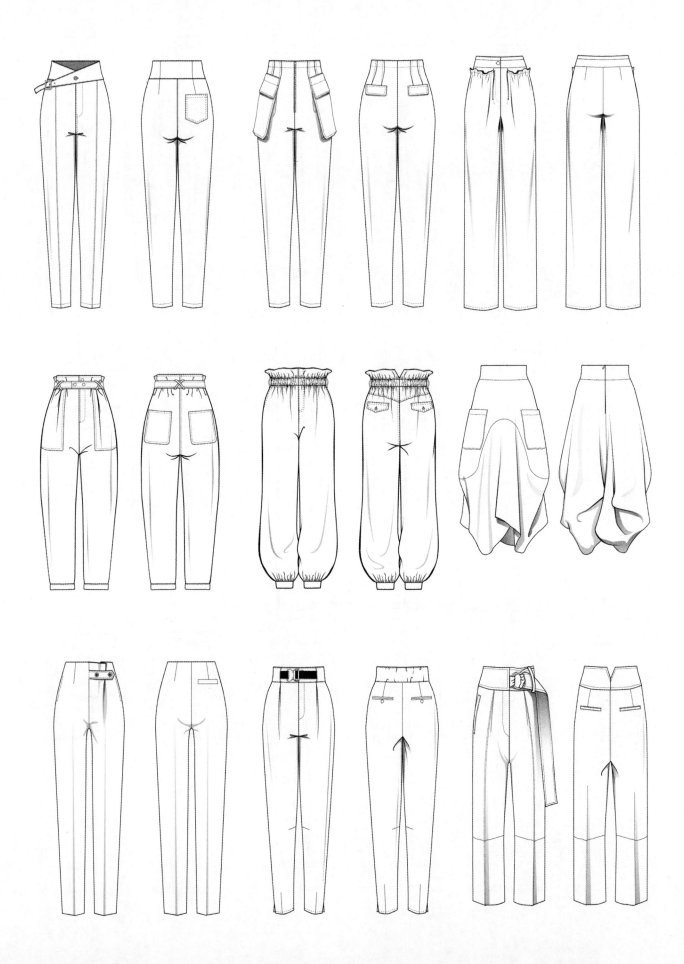

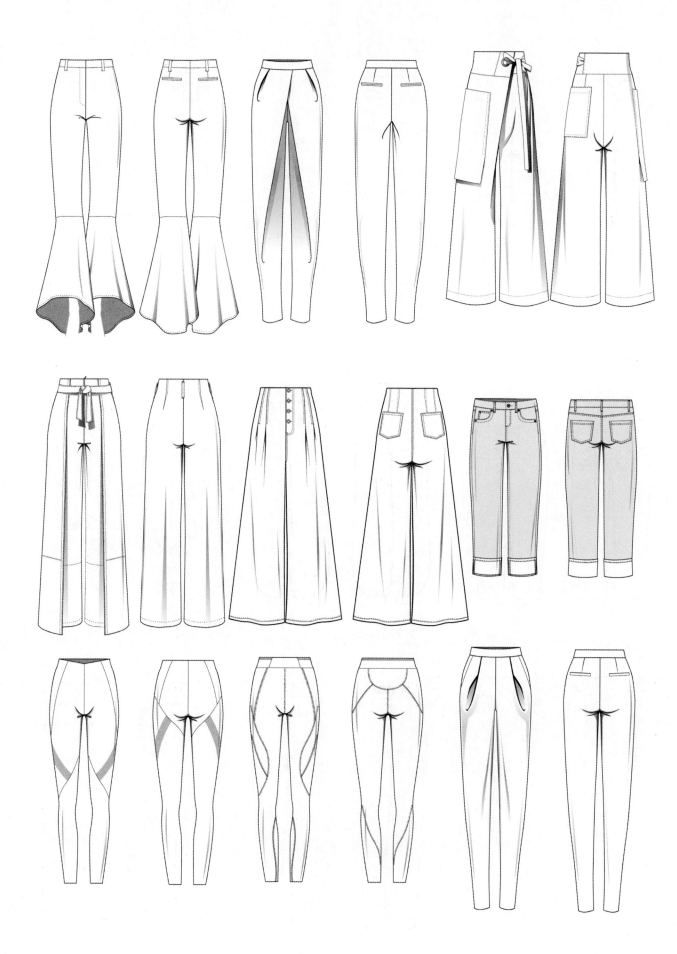

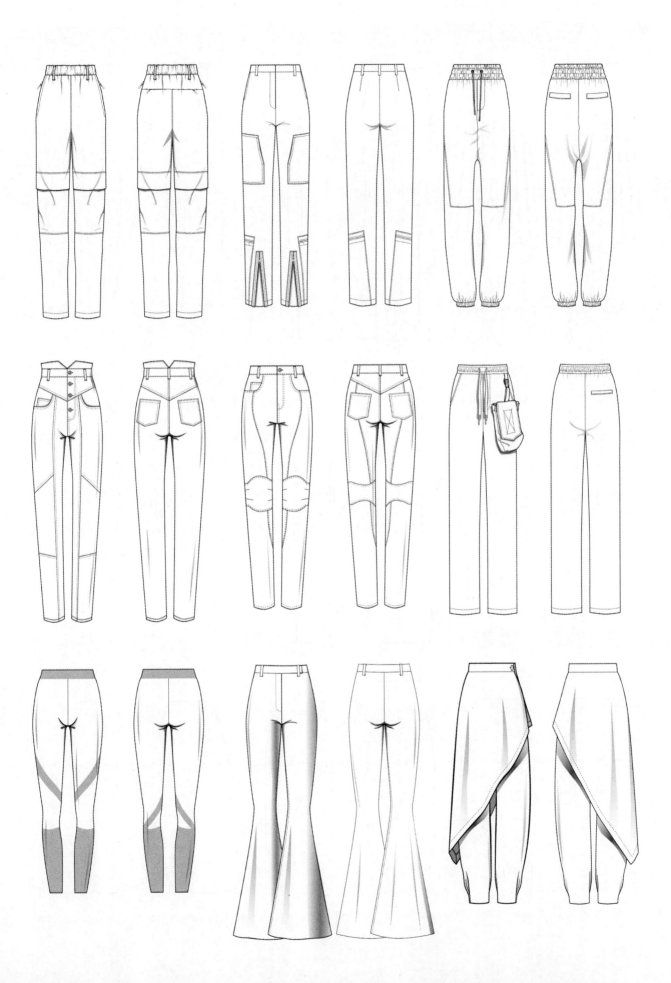

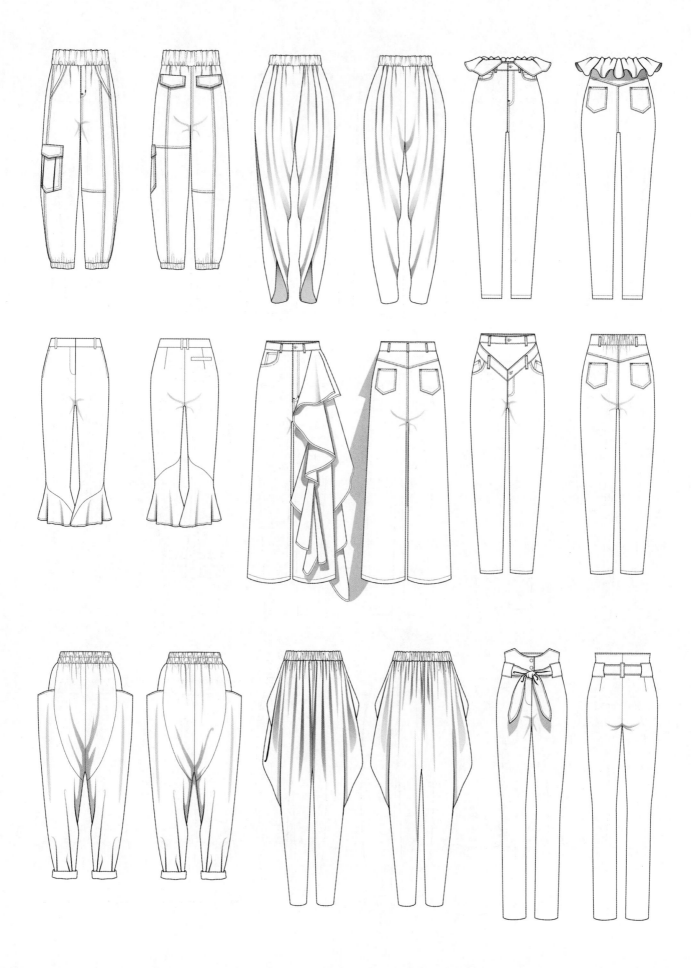

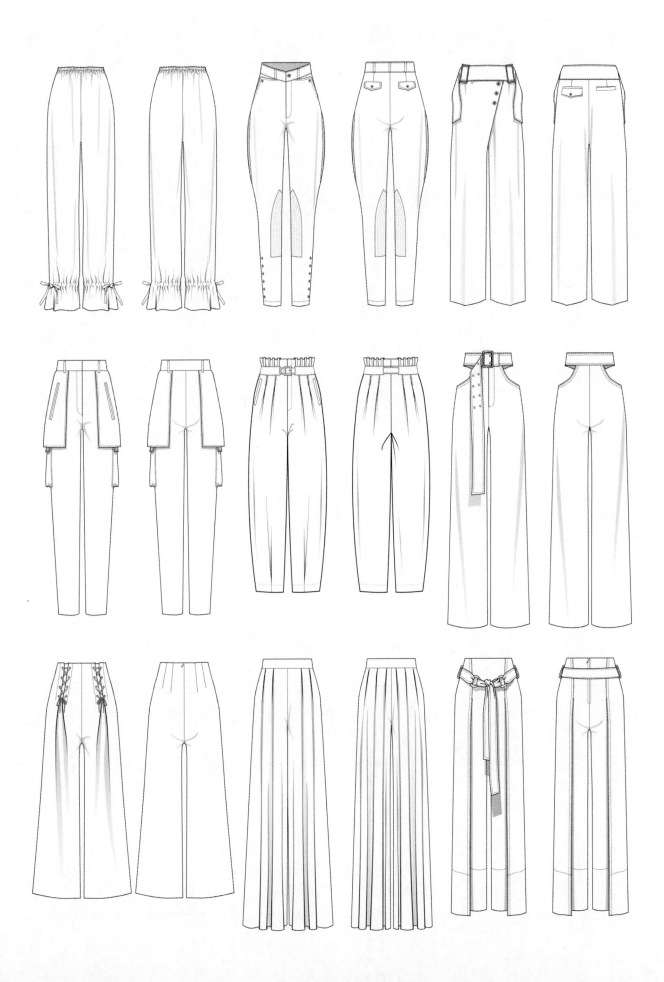

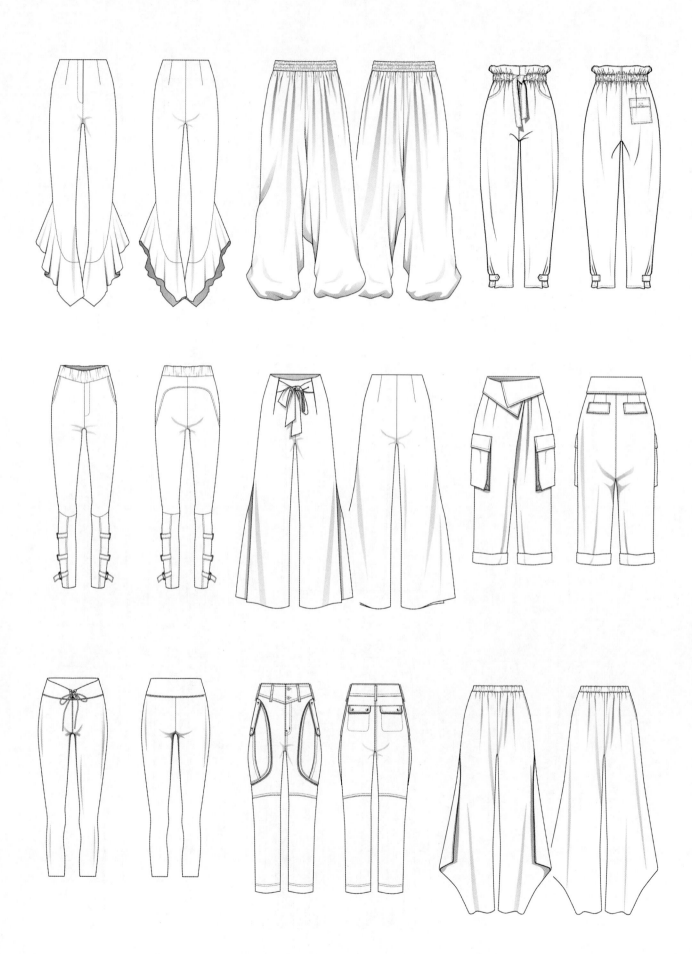

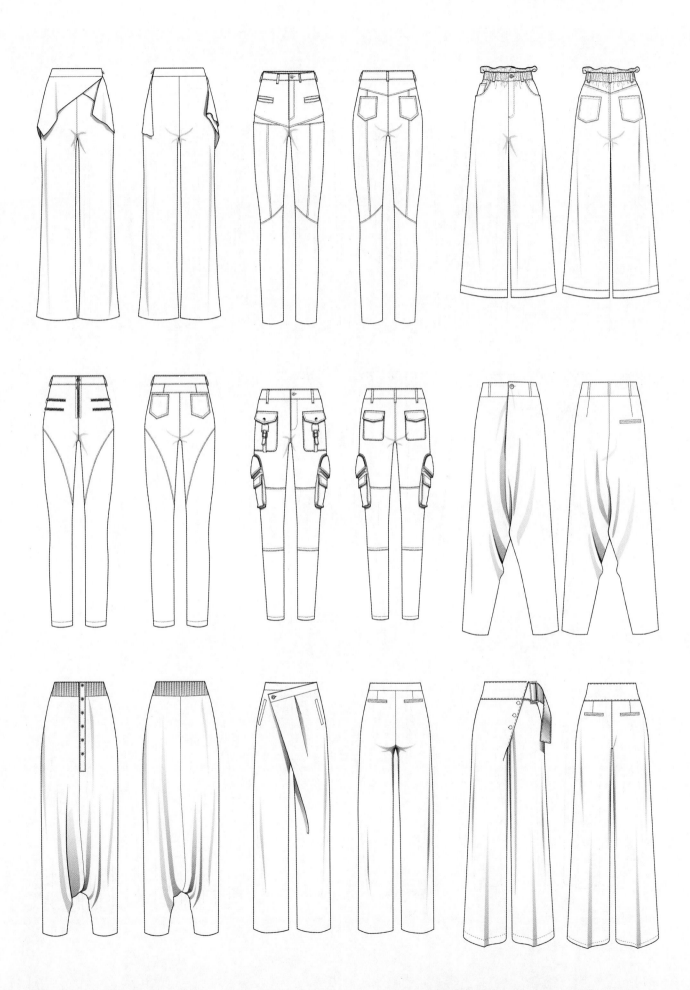

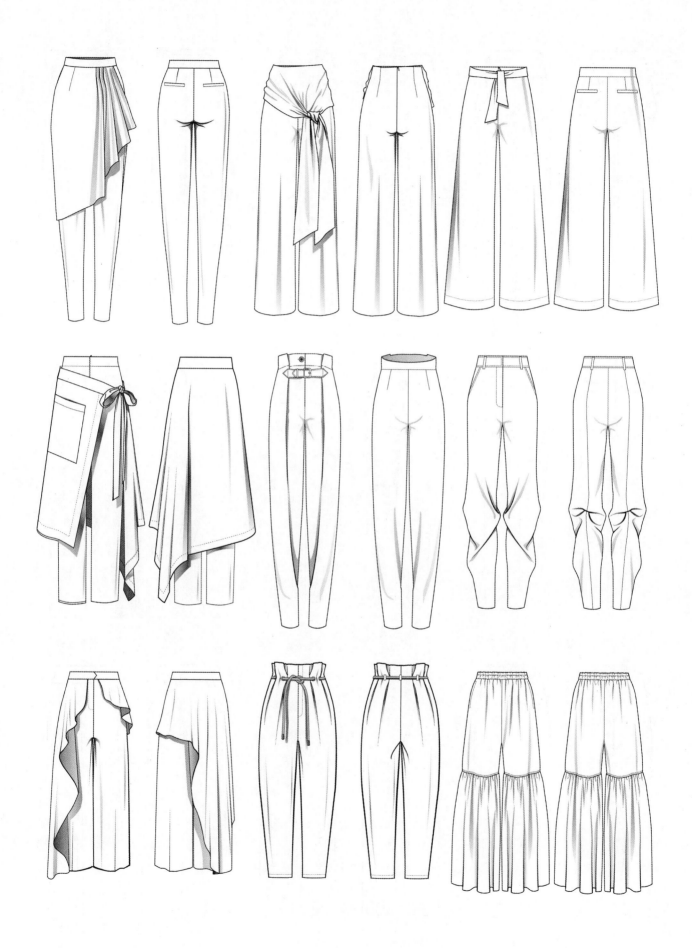

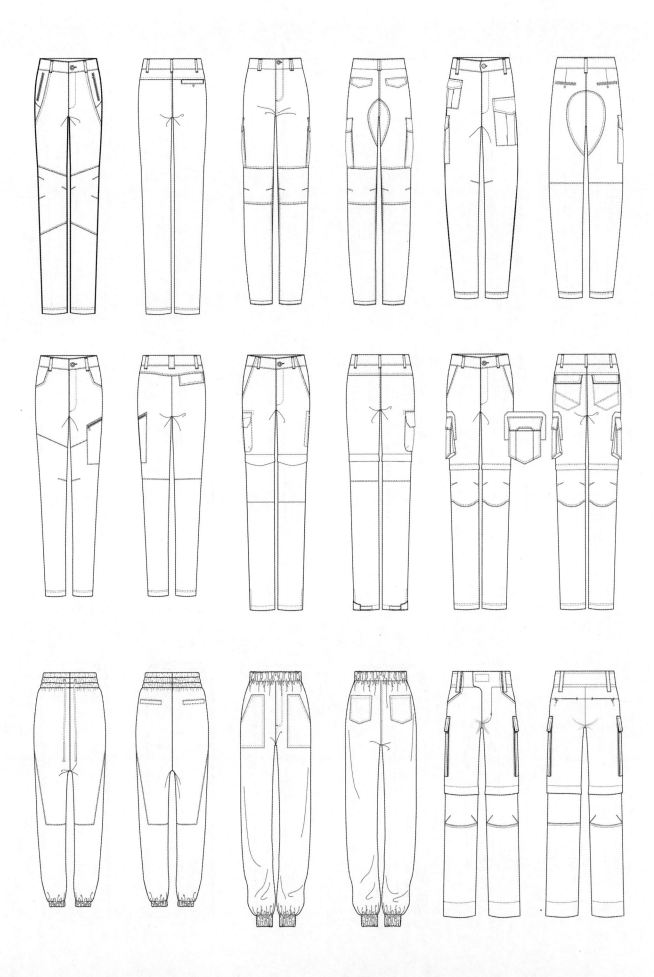

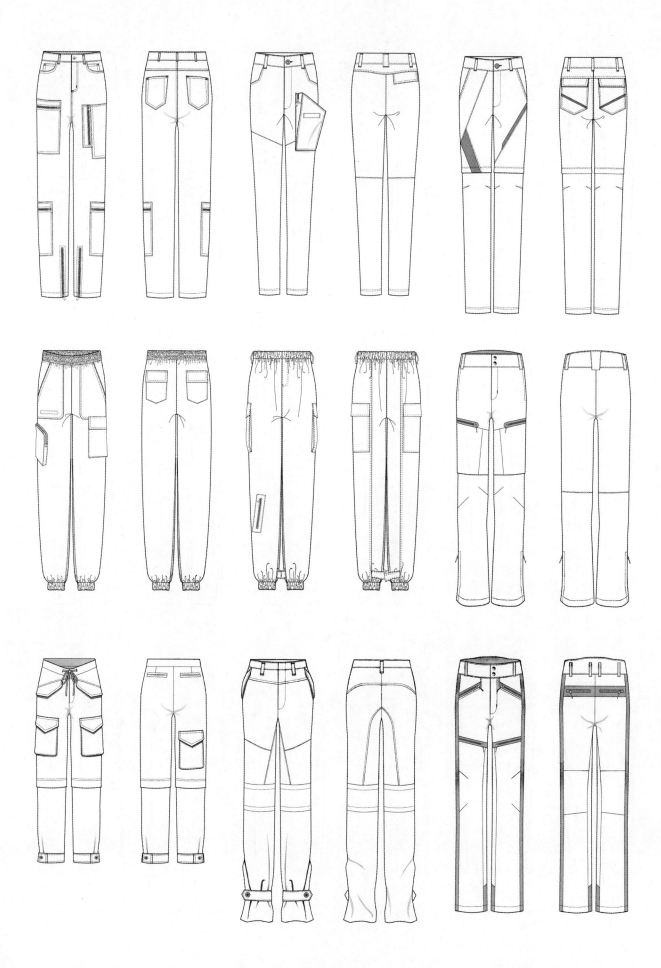